BEI GRIN MACHT SICH IHR WISSEN BEZAHLT

- Wir veröffentlichen Ihre Hausarbeit, Bachelor- und Masterarbeit

- Ihr eigenes eBook und Buch - weltweit in allen wichtigen Shops

- Verdienen Sie an jedem Verkauf

Jetzt bei www.GRIN.com hochladen und kostenlos publizieren

Bibliografische Information der Deutschen Nationalbibliothek:

Die Deutsche Bibliothek verzeichnet diese Publikation in der Deutschen National-
bibliografie; detaillierte bibliografische Daten sind im Internet über http://dnb.d-
nb.de/ abrufbar.

Impressum:

Copyright © 1992 GRIN Verlag, Open Publishing GmbH
Druck und Bindung: Books on Demand GmbH, Norderstedt Germany
ISBN: 9783640517596

Dieses Buch bei GRIN:

http://www.grin.com/de/e-book/140221/grundzuege-der-agrargeschichtlichen-
entwicklung-in-deutschland

Roland Engelhart

Grundzüge der agrargeschichtlichen Entwicklung in Deutschland

GRIN Verlag

Roland Engelhart

Grundzüge der agrargeschichtlichen Entwicklung in Deutschland

Inhaltsverzeichnis

1.   Landwirtschaft bei den Germanen

Die Anfänge landwirtschaftlicher Bodennutzung gehen in Deutschland bis in die jüngere Steinzeit (ca. 10.000 bis 4.000 v. Chr.) zurück und hängt mit der Seßhaftwerdung der Germanen zusammen. Früheste schriftliche Überlieferungen liegen aber erst von Cäsar, Livius und Tacitus vor. Bei den Germanen dürfte die Viehhaltung (extensive Weidewirtschaft) gegenüber dem Ackerbau vorherrschend gewesen sein, wobei die Frau die Hauptsorge für die Landwirtschaft übernehmen musste, während der Mann sich um Jagd und Schutz kümmerte. Im heutigen Bundesgebiet haben um die Mitte des ersten Jahrhunderts nur etwa 600.000 bis 700.000 Menschen gelebt. Beim Ackerbau stand natürlich der Anbau von Getreide im Vordergrund. Ackergerät war ein Pflug ohne Streichbrett, der den Boden bloß aufriss.

In waldreichen Landschaften überwog die Schweinehaltung, in graswüchsigen Gegenden die Rinderhaltung, während in der Heide oder im Bergland mehr Schafe und Ziegen gehalten wurden. Das Pferd diente vorwiegend als Reittier, weniger als Pflugtier. Die Tiere waren damals viel kleiner und weniger gut genährt und da man nicht alles Vieh über den Winter bringen konnte, wurde zu Beginn des Winters der Großteil davon abgeschlachtet. Um das Jahr 500 wird berichtet, dass die Größe eines Rindes etwa 1,10 Meter erreichte und sein Gewicht bei 200 Kilogramm lag. Die Milchleistung betrug etwa 3 Liter pro Tag.

Große Überschüsse wird ein Bauer in der frühfränkischen Zeit kaum erwirtschaftet haben; zur eigenen Bedarfsdeckung und zum Einhandeln notwendiger fremder Erzeugnisse wird es aber ausgereicht haben, zumal er an und für sich keine Abgaben an einen Herrn zu entrichten hatte. Die Mehrzahl der frühfränkischen Bauern waren wohl Freie, die den Fürsten nur gelegentlich Ehrenabgaben abtraten. Doch die Besitzverhältnisse waren nicht gleich, es gab verschiedene Abstufungen. Denn – so berichtet Tacitus – das eroberte Land wurde nicht zu gleichen Teilen verteilt, sondern nach Würde, so dass die Angehörigen des Adels über höheren Besitz verfügten. Adelige besaßen einige abhängige Arbeitskräfte, so genannte „Unfreie", die sich zumeist aus Kriegsgefangenen rekrutierten, die jedoch recht human leben konnten. Sie

hatten meist ein eigenes Heim und erhielten ein Stück Land zur Bewirtschaf-
tung, von dem sie bestimmte Naturalabgaben abtreten mussten. Hier liegt eine
Wurzel für die spätere Grundherrschaft, wobei in dieser Zeit die ökonomischen
Unterschiede noch nicht so groß waren.

2. Landwirtschaft im Mittelalter

2.1 Die Entstehung der Grundherrschaft und der mittelalterliche Landausbau (7. bis 12. Jahrhundert)

Die Grundlage der mittelalterliche Agrarverfassung und der ganzen sozialen
Ordnung bildete die Grundherrschaft. Sie beginnt verstärkt ab dem 8./9.
Jahrhundert. Im Prinzip ist die Grundherrschaft, auch Lehnswesen genannt, die
Basis des wirtschaftlichen und sozialen Lebens auf dem Lande bis zur
Bauernbefreiung im 19. Jahrhundert geblieben. Sie gründet auf eine an Grund
und Boden anknüpfende Beziehung zwischen dem Grundherrn und seinem von
ihm abhängigen Bauern. Dabei handelte es sich nicht nur um ein
Tauschgeschäft, also Überlassung von Grund und Boden gegen Festsetzung
bestimmter Dienste und Abgaben, sondern es enthielt zudem ein gegenseitiges
Treueverhältnis. Der Grundherr musste Schutz gewähren und der Bauer Folge
leisten. So ist also am Anfang dieses Systems Grundherrschaft nicht mit
Grundeigentum gleichzusetzen, denn zunächst war dies für den Bauern eine
recht günstige Regelung.

Hauptursache für die Entstehung der Grundherrschaft war die seit dem 7./8.
Jahrhundert zunehmende Bevölkerungszahl. Sie machte den Landausbau
erforderlich, was durch Bewirtschaftung brachliegenden Bodens oder durch
Rodung von Wald bewerkstelligt wurde. Dieses Land war in der Regel nicht
mehr herrenlos. Es gehörte entweder dem König oder dem weltlichen und
geistlichen Adel. Wer nun den Hof des Vaters nicht erbte oder wenn dieser
durch Teilung zu klein war, musste von einem weltlichen oder geistlichen Herrn
Land nehmen. Dies war auch im Interesse des Grundherrn, der von seinem
Land so mehr Nutzen hatte. Zumeist begaben sich die Bauern freiwillig in die
Grundherrschaft, wobei oft der eigene Besitz mit eingebracht wurde. Damit
wurden sie zwar abhängig und unfrei, umgekehrt aber waren sie Mitglied des

herrschaftlichen Schutzverbandes.

Als zusätzlicher Anreiz wurde den Bauern für die ersten Jahre zunächst die Abgabenzahlung erlassen. Daneben wurden auch Unfreie ansässig gemacht. Die ganze Entwicklung führte zu einem allmählichen Verschwinden des freien Bauernstandes und durch diesen Angleichungs- und Ausgleichsprozess gab es im 11./12. Jahrhundert einen recht einheitlichen Bauernstand. Die Grundherrschaft kam selten isoliert vor, sie war meist kombiniert mit der Zehnt- und Gerichtsherrschaft. Die Zehntherrschaft hatte sich aus einer seit dem 6. Jahrhundert bestehenden oder zumindest bezeugten Abgabe entwickelt, die zugunsten der Kirche erhoben wurde. Die Abgabe bestand aus dem zehnten Teil der Ernte und war im Anfangsstadium zweckgebunden. Sie diente zur Versorgung des Pfarrers, der Pfarrgebäude sowie karitativen Einrichtungen. Später jedoch wurde die Abgabe sogar verkauft oder verschenkt und vermehrte so die Einkünfte selbst von weltlichen Herren. Wichtiger noch für die spätere Entwicklung war die Gerichtsbarkeit. Sie entstand dadurch, dass die fränkisch-deutschen Könige die Gerichtsbarkeit als Recht des Königs gegenüber dem Adel nicht behaupten konnten. Dies verstärkte zum einen die soziale Position des Grundherrn, zum anderen bot es die Möglichkeit, höhere Abgaben und Leistungen durchzusetzen.

Ab dem 7./8. Jahrhundert stieg, wie schon erwähnt, die Bevölkerungszahl immer mehr an. Um den damit steigenden Nahrungsbedarf zu decken, musste die Agrarproduktion auch auf bisher unbebaute Flächen ausgedehnt werden. Dies führte zur Vergrößerung der schon bestehenden Siedlungen bzw. zu Neugründungen. Die Bedingungen der Grundherrschaft wurden aber in dem Maße ungünstiger, wie sich die Nachfrage nach Grund und Boden verschärfte. Die grundherrlichen Lasten konnten mit der Zeit durchaus ein Drittel oder bis zur Hälfte der Erträge ausmachen, wobei sich die Kolonisten meist besser stellten als die Bauern im Altsiedelland. Dies ist verständlich, da die bäuerlichen Kolonisten durch günstige Bedingungen angelockt werden sollten. Die Bevölkerungszunahme machte jedoch nicht nur den Landausbau notwendig, sondern zwang ferner zu intensiveren Bewirtschaftungsmethoden. Außerdem kam es zu einer Verstärkung des Ackerbaus gegenüber der Viehzucht.

Von Adam Smith stammt der Ausspruch: "Ein Getreidefeld von mäßiger Fruchtbarkeit bringt eine größere Menge an Nahrung für die Menschen hervor, als der beste Weideplatz von gleicher Ausdehnung". Der Getreideanbau erfolgte ab dem 8. Jahrhundert nun in Form der Dreifelderwirtschaft. Es handelte sich dabei um eine Zusammenfassung der Felder in Gewanne, die nun in einem bestimmten Turnus mit Winter- und Sommergetreide bestellt wurden unter Einschaltung eines Brachjahres. Ferner wurde das Saatgut stärker ausgesondert. Im Übrigen war nicht der Weizen, sondern vor allem um das Jahr 1300 der Roggen das Hauptgetreideprodukt. Der Hektarertrag lag bei etwa 7,5 Doppelzenter. In dieser Zeit wurden auch verstärkt Hülsenfrüchte, Rüben, Hanf und Flachs angebaut. Seit dem 8. Jahrhundert lässt sich zudem Hopfen- und Weinbau nachweisen. Aufgrund des stärkeren Ackerbaus nahm die Rinderhaltung erheblich ab. Schweine- und Schafhaltung waren wegen der immer noch verbliebenen Freiräume weniger betroffen. Das Tier war nicht mehr als Nahrungsmittel gedacht, sondern als Düngerlieferant und Zugtier. Neben der Dreifelderwirtschaft war bei der Herstellung von landwirtschaftlichen Geräten ein deutlicher Fortschritt zu erkennen. Im 11. Jahrhundert kam z.B. der Beetpflug auf, der den Boden nicht nur aufriss, sondern auch umwendete. Ferner kamen im 13./14. Jahrhundert Sensen und Dreschflegel auf und der Gebrauch von Wassermühlen.

2.2   Städtebildung im Hochmittelalter und die Entstehung der Gutsherrschaft durch die Ostkolonisation (12./13. Jahrhundert)

Der bis ins 12. und 13. Jahrhundert anhaltende Bevölkerungsdruck zwang zu weiterem Landausbau und führte zu größeren Siedlungen. Da aufgrund einer natürlich vorgegebenen, nicht allzu großen Dorfflur, nicht jedes Dorf beliebig anwachsen konnte, kristallisierten sich kleine Städte heraus, die auf die geringen ländlichen Überschüsse angewiesen waren. Diese Bevölkerungsvermehrung und Stadtbildung brachten die Entstehung eines inneren Marktes mit sich und bewirkten steigende Agrarpreise und die Intensivierung der Landwirtschaft. Allerdings war das Loskommen von der autarken Wirtschaft zu einer arbeitsteiligen Wirtschaft mit großen Gefahren verbunden. Bei negativen Schwankungen der Erntemengen waren die Städte leicht von Hungersnot bedroht. Allgemein war das Hochmittelalter für das Bauernwesen jedoch eine günstige Epoche. Aber es zeigte sich, dass die Markt- und Preislage eine bestimmender Faktor für die soziale und wirtschaftliche Situation der ländlichen Bevölkerung war und bleiben würde.

Als Ventil für den Bevölkerungsüberdruck fungierten immer mehr die relativ dünn besiedelten Gebiete im ostelbischen Raum. Dabei gingen Kolonisierung und Missionierung Hand in Hand. Für die spätere andersartige Entwicklung im ostelbischen Raum war von entscheidender Bedeutung, dass in der Ostkolonisation der ritterliche Adel, eine breite Schicht kleiner Grundherren, eine große Rolle spielten. Hier liegen die Ursachen für die Herausbildung der Gutsherrschaft. Während westlich der Elbe der grundherrrliche Eigenbetrieb an Bedeutung verlor, nahm er im Osten gerade zu. Die ritterlichen Adligen nahmen die Bewirtschaftung ihrer Güter in eigene Regie und ließen sie von Hörigen, meist Slawen, bewirtschaften, denen nur ein Minimum an nichterblichem Besitz zwecks Selbstversorgung übergeben wurde.

2.3   Agrardepression und Bauernunruhen im Spätmittelalter

War das Hochmittelalter für die Landwirtschaft relativ günstig, so setzte vom 13. bis zum 14. Jahrhundert ein radikaler Umschwung ein. Es war eine Periode der Not und Bedrängnis. Ganz Europa wurde von schweren Hungernöten heimgesucht. Wie immer in der frühen Zeit brachte Hungersnot Seuchen mit sich. So erstreckten sich die Typhusepidemie und die Beulenpest über mehrere Jahrzehnte. Die Folge davon waren erhebliche Bevölkerungsverluste, man schätzt sie auf ein Drittel der Bevölkerung. Dies bedeutete einen starken Rückschlag für die Landwirtschaft. Am augenfälligsten zeigte sich dies an den so genannten Wüstungen, d.h. an der Aufgabe ländlicher Siedlungen. Die Wüstungen wurden entweder als Viehweide benutzt oder es drang darauf Wald vor. Man nimmt an, dass etwa ein Viertel des heutigen Waldbestandes erst im Spätmittelalter entstand.

Bedrohend für die Landwirtschaft gestaltete sich die immer ungünstiger werdende Lohn-Preis-Entwicklung. Wegen der vorausgegangenen Pestepidemie herrschte in den Städten wie auf dem Land ein Arbeitsmangel. Der zusätzliche Abwanderungstrend in die Städte wegen größeren Lohns und mehr

Freizügigkeit wirkte verheerend. Der Bauer hatte für seinen gewerblichen Bedarf immer mehr zu bezahlen und auch für eventuelle Lohnsarbeitskräfte, während er für seine Erzeugnisse immer weniger bekam.

Die Dienste und Abgaben, die der Bauer seinem Grundherrn abtreten musste, wurden aber mehr denn je gefordert, da der Grundherr selbst unter dem Preisverfall zu leiden hatte und er der gestiegenen bürgerlichen Lebenshaltung nicht nachstehen wollte. Da zudem noch ein Teil des Landes wüst lag, kam er in eigene Finanzierungsschwierigkeiten. Durch Übergriffe und ungerechte Forderungen versuchte er dies zu überwinden. Da der Grundherr zumeist auch Gerichtsherr war, führte dies zu eklatanten Missständen. Die Bauern wollten dies jedoch nicht einfach hinnehmen und setzten sich der Bedrückung und den ungerechten Forderungen zur Wehr. Sie beriefen sich dabei auf Recht und Herkommen. Dies ging sogar soweit, dass sie ihren Kopf verlieren wollten, wenn ihnen nachgewiesen werden könnte, dass sie Unrechtmäßiges begehrten. Die Grundherrenwaren jedoch nicht willig, nachzugeben. So kam es vor allem im Süden Deutschlands das ganze 15. Jahrhundert hindurch zu Unruhen. Hatte man sich zunächst nur gegen die Missstände und Übergriffe gewandt, so wurden, die Forderungen immer radikaler, je länger der Streit dauerte. Mit der Radikalisierung der Forderungen ging eine Bewaffnung zwecks gewaltsamer Verwirklichung der Forderungen einher. Zu Beginn des 16. Jahrhunderts schlossen sich schließlich ganze Landschaften zum gemeinsamen Vorgehen zusammen. Es lassen sich bei diesen Aufständen zwei Bewegungen unterscheiden. Den einen ging es um die Erhaltung und Wiederherstellung der alten Zustände, die anderen kämpften für eine neue Ordnung göttlicher Gerechtigkeit. Da vor Gott alle Menschen frei seien, forderten sie die Aufhebung der Leibeigenschaft. Träger der Aufstände waren nicht so sehr die ärmsten Schichten, sondern vielmehr die so genannte Dorfehrbarkeit. Somit kann der Bauernkrieg nicht rein mit wirtschaftlichen Gründen erklärt werden. Immer öfter kam es zu kriegerischen Auseinandersetzungen zwischen den Bauern und den Heeren der Grundherren. Weil jeder Bauernhaufen auf eigene Faust operierte, war ihr Schicksal bald besiegelt. Wie blutig die Bauern niedergeschlagen wurden ist, allgemein bekannt.

2.4   Die Verfestigung der Gutsherrschaft

Im 16. Jahrhundert nahm die Bevölkerung wieder kräftig zu. Dies hatte meist eine Erweiterung der bestehenden Dörfer zur Folge. Im Gegensatz zum 14./15 Jahrhundert entwickelte sich dieses Mal eine Preisschere zugunsten der Landwirtschaft, so dass man stellenweise durchaus von einem Wohlstand des Bauernstandes reden kann, wobei jedoch eher die Pächter und Grundherrn Vorteile hatten. Die vorher wüst gelegenen Gebiete wurden nun wieder bewirtschaftet. Die Preissteigerung von Agrarprodukten führte in den Gebieten östlich der Elbe zur Herausbildung der Gutsherrschaft, was für die dortige bäuerliche Bevölkerung jedoch eine Verschlechterung nach sich zog. Die Grundlage der Gutsherrschaft reicht in die mittelalterliche Kolonisationsphase zurück. Die Bauernhufen, die damals noch dem Landsherrn gehörten, fielen durch die spätmittelalterlichen Wüstungen häufig den Rittern zu, die damit ihr schon bestehendes Gutsland wesentlich vergrößern konnten. Der steigende Bedarf an Getreide bildete nun einen Anreiz eines herrschaftlichen Großbetriebs mit abhängigen Arbeitskräften, der Gutswirtschaft. Waren die wüsten Bauernhufen vorher dem Gutsherrn eine Last gewesen, so griff in der zweiten Hälfte des 16. Jahrhunderts das berüchtigte Bauernlegen um sich, was nichts anderes als eine gewaltsame Einziehung von Bauernland war.

Die so entstandenen landwirtschaftlichen Großbetriebe erforderten aber billige Arbeitskräfte. Diese schaffte man sich dadurch, dass man die Bauern an die Scholle band und sie mit ihren Kindern dem Gesindezwangsdienst unterwarf. Zudem wurden sie zu immer höheren Forderungen herangezogen.

Der Dreißigjährige Krieg brachte durch Kriegseinwirkung, Hungersnöte und Epidemien abermals einen erheblichen Bevölkerungsrückgang mit sich. Die wiederum auch in Ostdeutschland entstehenden Wüstungen vergrößerten nochmals die Gebiete der Gutswirtschaften. Noch weitere Verschärfung der Frondienste war die Folge. Daneben kam es zur Beschränkung der Freizügigkeit. So war seit 1681 ein Erbverzicht überhaupt nicht mehr möglich und jedes Kind eines Bauern war verpflichtet einen Hof anzunehmen. So entwickelte sich die Leibeigenschaft immer mehr.

3. Landwirtschaft in der Neuzeit

3.1 Aufbruch in eine neue Zeit (18. Jahrhundert) und die Bauernbefreiung

Im 18. Jahrhundert war die Bevölkerung wieder gewachsen, was ein Ansteigen der Agrarpreise mit sich brachte. Darüber hinaus rückte die Landwirtschaft in das öffentliche Interesse, so dass die Beschäftigung mit Fragen der Landwirtschaft sozusagen zum guten Ton gehörte. Dies drückte sich aus in der Entstehung landwirtschaftlichen Schrifttums und in der Anlage von Mustergütern. Neben der Ausdehnung der landwirtschaftlichen Nutzflächen bemühte man sich um weitere intensivere Wirtschaftsmethoden. Die Dreifelderwirtschaft wurde verbessert und die Brache verschwand allmählich. Die früheren Brachflächen wurden zunehmend mit Klee und Hackfrüchten bebaut. In der zweiten Jahrhunderthälfte setzte sich auch immer stärker die Kartoffel in Deutschland durch, die bei der Eindämmung von Hungersnöten eine wichtige Rolle spielte. Bei der Tierhaltung setzte sich ein regelrechter Zuchtviehhandel durch und es wurde die ganzjährige Stallfütterung propagiert.

Die wirtschaftliche und soziale Lage des Bauernstandes war, wie schon so oft früher, recht unterschiedlich. Dies ergab sich aus der Größe des Hofes und aus der Höhe der Abgaben, meist ging es dem Bauern jedoch nicht besonders gut. Die landwirtschaftlichen "Schriftsteller" sahen in der überkommenen Agrarverfassung den wesentlichen Hinderungsgrund für das Aufblühen der Landwirtschaft und damit zugleich für die wirtschaftliche und soziale Besserstellung des Bauernstandes. Neben den Triftrechten in den Gemeinweiden war die grundherrlich- oder gutsherrlich-bäuerliche Rechtsbeziehung dran Schuld. Sie wurde seit der Mitte des 18. Jahrhunderts durch die Ideen der Aufklärung, des Rationalismus und des Liberalismus in Frage gestellt.

Leichte Veränderungen der bestehenden Sozialordnung machten sich schon im 18. Jahrhundert breit. So verfügte bereits 1718 Friedrich Wilhelm I. in Preußen die Aufhebung der Leibeigenschaft und die Erblichkeit der Bauerngüter. Des Weiteren wurde dem Adel das Bauernlegen verboten.

Die eigentliche Bauernbefreiung setzte zu Beginn des 19. Jahrhunderts ein und wurde hauptsächlich durch die Agrarreformen in Preußen von Freiherr von Stein ausgelöst. Mit dem neuen Freiheitsbegriff der Philosophie waren Untertänigkeit und Frondienst mit der Menschenwürde jedes Einzelnen unvereinbar. Aber dahinter standen außerdem noch ökonomische Überlegungen. Von staatlicher Seite und vom Bildungsbürgertum her setzte sich die Ansicht durch, dass eine blühende und damit rentable Landwirtschaft nur erreicht werden könne, wenn der Bauer Herr seines Landes sei und damit einen Anreiz auf einen Überschuss bzw. auf eine Marktproduktion habe. Den Beginn der Bauernbefreiung kann man mit dem so genannten Regulierungsedikt vom 14. September 1811 für Preußen datieren. Es gewährte den Bauern das Eigentum an dem von ihnen bewirtschafteten Grund und Boden. Als Entschädigung dafür musste von den Bauern ein Drittel oder die Hälfte des Bodens an den Gutsherrn abgetreten werden. In der Nachfolgezeit setzte sich die Ablösung auch in anderen Landteilen durch. Zu sehr hatten die Landesfürsten die Ereignisse der Französischen Revolution vor Augen. Sie zog sich allerdings recht schleppend dahin, was teilweise mit juristischen Schwierigkeiten bei der Ablösung zusammenhing.

3.2   Vom Agrarstaat zum Industriestaat - Das Zeitalter der Technik

Seit Beginn des 19.Jahrhunderts machte sich eine wissenschaftliche Betrachtungsweise des Landbaus in Deutschland breit. Als ihr Begründer gilt Albrecht Thaer, der von Beruf Arzt war. Für Thaer war der Landbau ein Gewerbe wie jedes andere, das mit naturwissenschaftlichen Erkenntnissen und nach ökonomischen Gesichtpunkten zu betreiben sei. Er wirkte bahnbrechend für den Zwischenfruchtanbau, für die Fruchtwechselwirtschaft, die Düngung und die Sommerstallfütterung. Seine besondere Bedeutung liegt darin, dass er die Methoden der exakten Wissenschaften auf den Ackerbau anzuwenden versuchte. Ein Schüler von Thaer, Heinrich von Thünen, wurde der Schöpfer der Standorttheorie der landwirtschaftlichen Erzeugung. Danach hängt die Art des landwirtschaftlichen Betriebes wesentlich von der Entfernung zum Markt ab.

Ein Wendepunkt für die Landwirtschaft war die Erfindung des Mineraldüngers durch Justus von Liebig. Liebig ging dabei von der Überlegung aus, dass man dem Boden diejenigen Materialien zuführen müsse, die die Pflanzen zu ihrer Ernährung bräuchten. Damit war eine wesentliche Grundlage zur Intensivierung der Landwirtschaft gelegt. Nun hatte man einen Nährstoffersatz, der für die Fruchtwechselwirtschaft und für den Hackfruchtanbau wichtig war. Der immense Anstieg der landwirtschaftlichen Erzeugung wäre ohne Mineraldüngung nicht möglich gewesen und die Ernährung der rasch anwachsenden Bevölkerung zu einem unlösbaren Problem geworden.

Einen weiteren großen Schritt und Anteil an der Intensivierung der Landwirtschaft hatte der technische Fortschritt. Es wurden bessere Pflüge, Eggen und Walzen konstruiert sowie Sämaschinen, Mäh- und Dresch- maschinen erfunden. Im 20. Jahrhundert führte schließlich die Motorisierung der Landwirtschaft zu einer totalen Umwandlung der Agrarstruktur: Schlepper und Mähdrescher ließen eine Bewirtschaftung im großen Stil zu und setzten Arbeitskräfte für die Industrie frei. Während zu Beginn des 19. Jahrhunderts noch 75 % der deutschen Bevölkerung in der Landwirtschaft tätig war, waren es vor dem Ersten Weltkrieg bloß noch 25 %. Zugleich steigerten sich die Hektarerträge immer mehr. Kennzeichen für die Umstrukturierung hin zum Industriestaat war auch der immer weiter sinkende Beitrag der Landwirtschaft am gesamten Volkseinkommen. Schon um 1925 lag er unter 20 %. Mit der Verlagerung zu einem Industriestaat ist gleichzeitig eine Nahrungsmittel- importabhängigkeit verbunden gewesen, die sich in den beiden Weltkriegen verheerend auswirkte.

4.   Literaturverzeichnis

Abel, W., Die drei Epochen der deutschen Agrargeschichte (Schriftenreihe für ländliche Sozialfragen, Bd. 37), Hannover 1962.

Abel, W., Agrarkrisen und Agrarkonjunkturen, Hamburg und Berlin 1966.

Abel, W., Geschichte der deutschen Landwirtschaft vom frühen Mittelalter bis zum 19. Jahrhundert (Deutsche Agrargeschichte, hrsg. v. Günther Franz, Bd. 2), Stuttgart ³1978.

Born, M., Die Entwicklung der deutschen Agrarlandschaft, Darmstadt 1974.

Ennen, F./Janssen, W., Deutsche Agrargeschichte. Vom Neolithikum bis zur Schwelle des Industriezeitalters, Wiesbaden 1979.

Frauendorfer, S. /Haushofer, H., (Hrsg.), Ideengeschichte der Agrarwirtschaft und Agrarpolitik, 2 Bde, Bonn, München und Wien 1957 bzw. 1958.

Haushofer, H., Die deutsche Landwirtschaft im technischen Zeitalter (Deutsche Agrargeschichte hrsg. v. Günther Franz, Bd. 5) Stuttgart ²1972.

Henning, F. - W., Landwirtschaft und ländliche Gesellschaft in Deutschland, 2 Bde, Paderborn 1979.

Klein, E., Geschichte der deutschen Landwirtschaft, Stuttgart 1969.

Schröder-Lembke, G., Studien zur Agrargeschichte (Quellen und Forschungen zur Agrargeschichte, Bd. 31), Stuttgart und New York 1978.